我的第一本科学漫画书

数学世界

历险记 ⑥

来自航天局的客人

玩游戏
看漫画
学数学

图书在版编目（CIP）数据

来自航天局的客人 / (韩) 柳己韵著；(韩) 文情厚绘；全玉花译 .
-- 南昌：二十一世纪出版社，2015.1（2022.7 重印）
（我的第一本科学漫画书 . 数学世界历险记；6）
ISBN 978-7-5568-0297-5

Ⅰ.①来… Ⅱ.①柳… ②文… ③全… Ⅲ.①数学 -
少儿读物 Ⅳ.① O1-49

中国版本图书馆 CIP 数据核字 (2014) 第 249931 号

수학세계에서 살아남기 6

我的第一本科学漫画书
数学世界历险记 ⑥ 来自航天局的客人　　[韩] 柳己韵 / 文　[韩] 文情厚 / 图　全玉花 / 译

出 版 人	刘凯军
责任编辑	杨定安　李　树
美术编辑	陈思达
出版发行	二十一世纪出版社集团
	（江西省南昌市子安路 75 号　330009）
	www.21cccc.com　cc21@163.com
承　　印	江西宏达彩印有限公司
开　　本	787mm×1092mm　1/16
印　　张	11
版　　次	2015 年 1 月第 1 版
印　　次	2022 年 7 月第 15 次印刷
书　　号	ISBN 978-7-5568-0297-5
定　　价	35.00 元

赣版权登字 -04—2014—856
购买本社图书,如有问题请联系我们:扫描封底二维码进入官方服务号;
服务电话:0791-86512056(工作时间);服务邮箱:21sjcbs@21cccc.com。

我的第一本科学漫画书

玩游戏
看漫画
学数学

数学世界
历险记 **6**

[韩] 柳己韵/文
[韩] 文情厚/图
全玉花/译

来自航天局的客人

21 二十一世纪出版社集团
21st Century Publishing Group

　　决定创作《数学世界历险记》时，我们就树立了一个目标——要创作"有趣的作品"。因为不管是谁，只要提到数学，都会首先联想到复杂的数字和数学算式。而且很多作家也抱有偏见，认为数学是枯燥而生硬的。所以我们想，不管怎样，一定要创作出有趣的漫画作品，减少大家对数学的负担感。在创作过程中，我们自己也领悟到学习数学居然可以充满趣味。

　　坦率地讲，要解开由一长串数字组成的复杂算式，对于任何人来说都是一件头疼和烦心的事。数学绝不是单纯而且无聊的数字计算，这样的计算用计算器就可以轻易地算出答案。数学是一边提出诸如"怎样在迷宫中寻找出路"或"如何用手中的一根木棒测量金字塔的高度"等等看上去有些令人摸不着头脑的问题，一边寻找这些问题的答案的学问。当然，这个过程中也会有数字计算，但更重要的是寻找和证明答案的过程。这个过程就像侦探小说中主人公收集证据并通过证据推理出犯人的过程一样，紧张而刺激。

　　各位小朋友，大家不要因为觉得困难而逃避，希望你们与这套书里的主人公一起进入数学世界历险！你们不仅可以从中发现用脑的乐趣，而且还能提高成绩，培养和锻炼思考的能力。

各位同学，你们有没有经过冥思苦想解答出数学难题的经历呢？我因为喜欢这个思考的过程，而喜欢上了数学。没有感受过那一瞬间灵光闪现的人恐怕是无法理解的。就算花再长一点时间，就算不能马上想到解决方法，但我仍希望各位能与道奇和达莱一起自主地解决本书当中的数学谜题，希望大家能体会到其中的灵光。这个灵光就是喜欢上数学的契机。

喜欢数学非常重要。有些人虽然数学成绩好但本身讨厌数学，随着时间的流逝，那些虽然开始数学成绩一般但喜欢数学的人会比他们更加擅长数学，将来也会取得更好的成绩。解答一个数学问题，要把已经学过的所有数学知识在脑海中思考一遍并选出解答这个问题所需的内容，按照正确的方法和顺序来进行。经过这样的锻炼，不仅仅数学成绩能提高，逻辑思维能力也会得到提高。

数学并不只是存在于教科书和习题集中，也隐藏在我们的生活中。和道奇、达莱一起解决在生活与冒险中遇到的数学问题会让大家了解数学是多么有趣的一门学问。现在就与他们一起进入数学世界吧！

首尔金童小学教师　李江淑

目 录

郭道奇

爱耍小聪明，适应力超强的数学天才。回到现实世界后，他把数学世界当作游戏里的世界，不相信它真实存在，因此和达莱产生分歧。

金达莱

努力钻研的实力派数学天才。回到现实世界后，积极帮助别西卜寻找"神造的数字"，因道奇的不配合感到失望。

别西卜

路西法的唯一对手。找到最重要的分身，恢复了大部分的能量，却因路西法的阴谋再次陷入危机。

路西法

称霸数学世界的人工智能程序。想要除掉别西卜，称霸现实世界。

韩颂伊

达莱的妈妈，达莱和道奇的监护人。感情丰富，痴迷于电视剧和综艺节目。

本书指南

《数学世界历险记》百分百利用法

漫画数学常识

这里有丰富而有趣的数学知识，例如大家一定要熟记的**基本数学概念**、历史中的**数学故事**以及在日常生活中常见的**数学原理**等。

创新数学迷题

运用每章中介绍的数学概念，来解答难度各异的趣味数学问题。

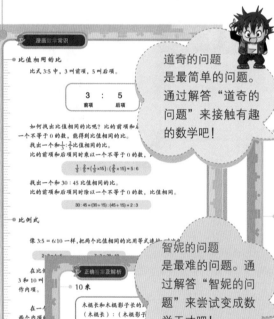

道奇的问题是最简单的问题。通过解答"道奇的问题"来接触有趣的数学吧！

智妮的问题是最难的问题。通过解答"智妮的问题"来尝试变成数学天才吧！

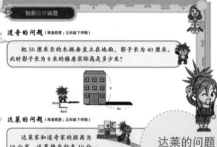

达莱的问题是略有难度的问题。通过解答"达莱的问题"来培养对数学的浓厚兴趣吧！

正确答案及解析

"创新数学谜题"的解答过程与正确答案。

第一章　合体変身术

什么东西?

呃啊!

呃!

救命!

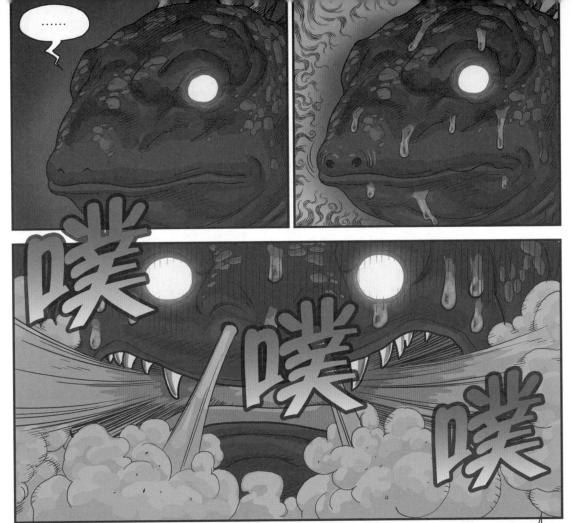

啊！

咕噜

咕噜

……

你可真没用，

一个屁就把你给熏倒了。

嗯?

咻 咻

呼

呼

哎哟!

那，那是什么?

让你跟紧着我的，刚才你跑哪儿去了？

没伤着吧？

啊？

……

那稀奇古怪的东西是什么呀？

大怒！

稀奇古怪？

我救了你一命，你居然还敢笑话我？

让你尝尝我的厉害！

噗 噗

啪

呃啊啊啊！

啪

19

这就是……

本人别西卜最擅长的"合体变身术"，你这样的冒牌魔法师想模仿都模仿不了。

是，是。

尽情地赞叹吧！

哼哼！

在黑暗峡谷以外的地方使用魔法，很容易被路西法发现，咱们得赶紧离开这里。

不过，现在我们要去哪儿呢？

当然是去找我的分身啦！

这还用说吗？

啊？

这里这么暗，您怎么知道分身在哪里？

这就是合体变身术的最大优点。

在与蜘蛛合体的瞬间，能够接收蜘蛛掌握的所有信息。

除了分身的位置，

！

我还知道这个洞和洞内的生物所拥有的神奇力量都源自我的分身。

快到了，抓紧我！

走！

唰啦

找到了!

阿

阿

阿

这是负责计算的大脑！

啊！

......

看见了……
都找回来了!

怎么啦?

啊!

嗯?

怎么回事?不用开门就进来了!

咦?

为我感到高兴吧,我恢复了大部分的能量!

到底怎么回事?

找到分身了吗?

嗯?咦?这里是……

……

哈哈哈哈……

我现在可以把你们送回现实世界了。

嘿嘿!

是吗?

真的能回去了吗?

！

还发现了你小子刚才犯的错误!

把68和89弄混了,害得我好一番折腾!

啪

啊!

······

第二章　神造的数字

智妮姐姐……

我会想你的。

我也是！

也会想念巴尔扎克的。

这段时间真是麻烦你了。

！

不，能为主人效劳是我的荣幸。

不过是电脑游戏里的几个人物，

用得着这么深情吗？

哎……

哼！

30

哟嗬！

你说"游戏里的人物"？

糟糕！

是谁有能力把你送回"外面的世界"啊？

那当然是伟大的别西卜大人了！

握紧

啪

我这偶尔缺乏自控力的嘴巴，真让人讨厌。

嘿嘿嘿

偶尔？我看是经常吧！

哼哼！

我说的话都记住了吗?

已经铭刻在心了。

神造的数字!

一旦回到现实世界,

我要读遍所有能找到的数学书籍,利用我在数学世界里训练出来的"数学思考能力"找到答案,再回来向您报告!

所以您就放心地等着我回来吧。

哈哈哈

这小子的话不可信啊，

上次被骗了一次……

那，好！

哼！

在把你送走之前，

我要先测试一下你的数学思考能力程度有多高了。

又要测试？

这是一个关于概率的问题。

概率的数学定义有点复杂，

我就不问你定义了。

叮

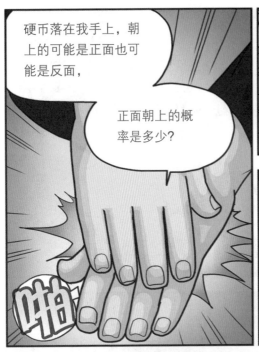

硬币落在我手上，朝上的可能是正面也可能是反面，

正面朝上的概率是多少?

那个嘛……

一半一半，也就是50%吧?

正确!

这么简单的常识性问题，还用想那么久吗?

数学思考需要慎重嘛。

嘿嘿……

那我再出一道题。连续扔九次硬币，九次的结果都是反面朝上。

那么扔第十次的时候，出现正面朝上的概率是多少？

……

在 50% 的概率之下，扔九次都没出现正面朝上？

您把本天才看成傻瓜了吧，第十次当然 100% 是正面朝上啦！

哎哟哟哟！

这么简单的题都不会，还称什么天才！

也是一半一半，50% 吧？

嗯？

如果是问，十次当中前九次都出现反面只有第十次出现正面的概率，这种可能性会极少，

但如果是问，某一次的概率，不管前面的结果如何，每一次的概率都是一样的吧？

虽然我不懂概率的定义，但是觉得应该是这样的。

哟嗬！

但如果是问某一次出现正面的概率，

就不管前面的结果如何，概率只能是二分之一，即 50%。

事件发生的所有可能性	出现正面的可能性

 正面　　 反面　　= 2

 = 1

$$概率 = \frac{事件发生的某种可能性}{事件发生的所有可能性} = \frac{1}{2} = 50\%$$

知道了吗？大马虎！

知道了！

真让人担心。

就会耍嘴皮子。

?

只能拜托你了，达莱。

一定要找到神造的数字。

……

我会尽力的。

握紧

总之……

我费半天劲解释概率的目的……

是为了通过硬币的例子，给你们提示，帮助你们找到"神造的数字"。

通过硬币？

我现在，

已经找到最重要的分身，恢复了大部分的能量。

哼！

……

同时也知道了一件事。那就是……

即使找回了我所有的分身，我也无法打败路西法。

如果说本人别西卜是硬币的正面，路西法就是反面。

我是开始，路西法即是结束；我是"人造的数字"，他就是"神造的数字"。

开始和结束，神造的数字……

直到现在我才发现，路西法完全了解我，

我却完全不了解他的本质！

这就是我无法打败他的原因。

"神造的数字"是那家伙的本质，同时也是他的弱点。

如果找到那个数字，我就能打败路西法，把数学世界恢复到原状。

什么？

啊？

怎么回事？

……

我在你的分身内安装了间谍软件，没想到吧？

咔咔咔咔

多亏那个间谍软件，我才突破你的防线，进到这里！

什么？

酸痛

呃啊啊！

刺痛

刺痛

轰隆隆隆

呃啊！

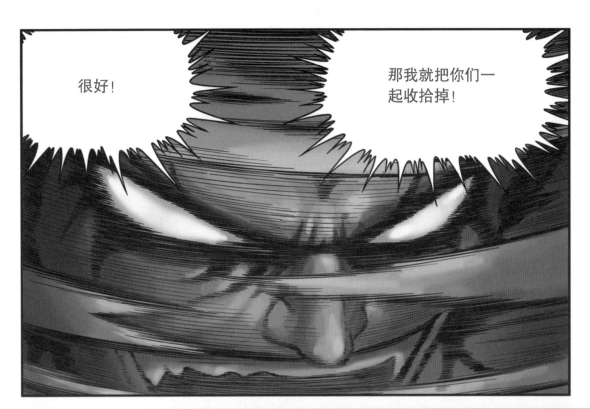

很好！

那我就把你们一起收拾掉！

！

什么是概率？

概率是事件发生的所有可能性中某种可能性占的比率。

$$概率 = \frac{事件发生的某种可能性}{事件发生的所有可能性}$$

硬币掉在地上，反面朝上的概率是多少呢？朝上的那面可能是正面也可能是反面，所以有两种可能性，反面朝上是其中的一种，因此概率是 $\frac{1}{2}$。概率既可以用分数表示，也可以用百分率表示。"中奖概率100%"是指概率为1，所以肯定能中奖。明天太阳从西边升起的概率是多少呢？因为是不可能发生的事，所以概率为0%或者0。

概率的古典定义和统计定义

扔出硬币后，正面朝上和反面朝上的概率均为 $\frac{1}{2}$。达莱扔九次硬币，其中四次出现正面，五次出现反面。硬币出现正面的概率是 $\frac{1}{2}$，所以达莱扔第十次硬币，应该是正面朝上，对吧？但是事实并不一定如此，硬币不记得之前的结果，第十次既有可能正面朝上，也有可能反面朝上。

每次扔硬币正面朝上的概率是 $\frac{1}{2}$，这叫概率的古典定义。设事件发生的所有可能性为 N 种，事件发生的某种可能性为 A 种，则古典概率是 $\frac{A}{N}$。如果扔十次硬币只有四次正面朝上，则十次中出现正面的概率为 $\frac{4}{10}$，这叫概率的统计定义。当对事件做 N 次试验，其中某种可能性出现 B 次，则统计概率是 $\frac{B}{N}$。

达莱的问题（难易程度：六年级下学期）

迷宫内有1号到6号一共六间房间，其中4号房间内有食物。一只仓鼠在迷宫里，它不知道哪个房间内有食物。设仓鼠进每个房间的概率一样，且不能从进去的房间里出来，仓鼠找到食物的概率是多少呢？

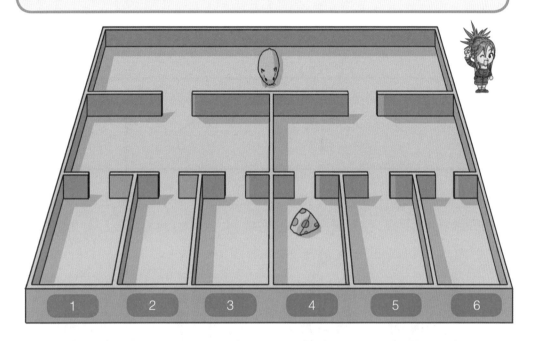

智妮的问题（难易程度：六年级下学期）

达莱、道奇和智妮在玩翻板子游戏。玩游戏用的板子正面刻有图案，一共有四块，掷出板子后出现三正一反、两正两反、一正三反、全反、全正的概率各为多少呢？

● 三正一反、两正两反、一正三反、全反、全正的情况如下：

$\dfrac{1}{6}$

> 仓鼠想进 4 号房，首先要通过右门。此时仓鼠有左门和右门两种选择，通过右门的可能性是一种，因此通过右门的概率是 $\dfrac{1}{2}$。通过右门之后，仓鼠能选择的房间是 4 号、5 号、6 号三间，入 4 号房的可能性是一种，所以进入 4 号房的概率是 $\dfrac{1}{2} \times \dfrac{1}{3} = \dfrac{1}{6}$。
>
> 因此，仓鼠在迷宫内找到食物的概率是 $\dfrac{1}{6}$。

三正一反 $\dfrac{1}{4}$，两正两反 $\dfrac{3}{8}$，一正三反 $\dfrac{1}{4}$，全反 $\dfrac{1}{16}$，全正 $\dfrac{1}{16}$

> 出现三正一反的可能性好像只有一种，但其实，四块板子都有可能出现反面。为方便理解，在四块板子上涂不同的颜色。出现三正一反的可能性有以下四种。

出现两正两反的可能性有六种

出现一正三反的可能性有四种

出现全反的可能性有一种

出现全正的可能性有一种

●出现三正一反、两正两反、一正三反、全反、全正的概率分别如下：

	三正一反	两正两反	一正三反	全反	全正
可能性	4	6	4	1	1
概率	$\dfrac{4}{16}\left(\dfrac{1}{4}\right)$	$\dfrac{6}{16}\left(\dfrac{3}{8}\right)$	$\dfrac{4}{16}\left(\dfrac{1}{4}\right)$	$\dfrac{1}{16}$	$\dfrac{1}{16}$

第三章　路西法的攻击

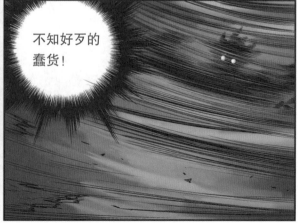

……

啊，巴尔扎克！

不好！

现在和路西法正面交战等于自杀。

孩子们，快过来！你们要躲到安全地带去！

！

没用！

连我的防线也被打破了，这世界上就没有路西法看不到的地方。

那怎么办？

但有一个地方相对安全。

就是"外面的世界"。

！

叔叔,您没事吧?

您的脸色很不好。

唉!

不要担心我,
一定要记住我
说过的话。

到了外面的世界,一定要找
到"神造的数字"!

那是打败路西法的唯一办法。

能做到吗？

……

是，知道了。

一定会找到的。

好！

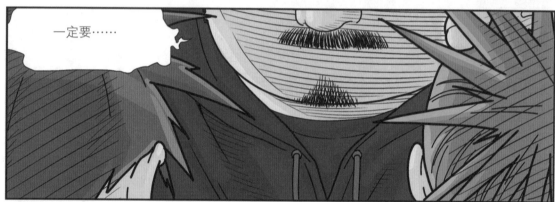

一定要……

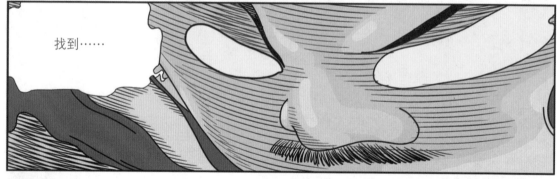

找到……

神造的……数字……

第四章 概率和比率

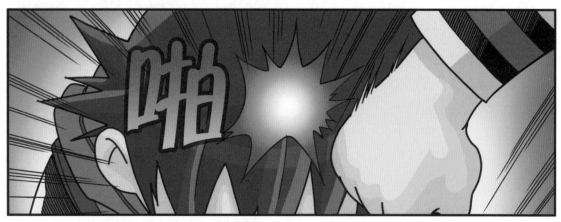

这里是现实世界！

万岁！终于
回来了！

哇哇哇

万岁万万岁！

老天爷、菩萨，
谢谢啦！

哇哈哈……

……

……

什么？

才五个小时？

真的吗？

是啊，怎么玩那么长时间的游戏啊？

正想叫你们下来吃饭呢。

……

我们在数学世界待的时间……

只有五个小时?

那今天是暑假第一天?

我以为过了一个多月了呢。

我觉得都有一年了!

我们不会是还在数学世界里吧？

路西法会不会在糊弄我们？

别胡说！

孩子们，饭好了，下来吃饭吧。

哦。

吃饱了。

我也饱了，妈妈。

达莱没胃口吗？

比平时吃得少啊。

能帮我做点事吗？顺便消化消化。

好的！

去红参协会把我预定的红参饮料拿回来，就说是达莱家的他们就知道。

跟协会的阿姨要 15% 的红参浓缩液，她会给你们的。

哇哦！现实世界的空气真清新！

虚拟世界再精彩，也比不过现实世界，是吧，达莱？

······

？

你在想什么啊？

我在想神造的数字是什么。

神造的数字？还想那个干吗？

什么？

哼！

还能干吗？当然是要告诉别西卜叔叔和智妮姐姐啦！

那样才能打败路西法，还能……

轰隆轰隆

啪 啪

哇哇哇哇 你！

真是让人头疼！

现在的孩子们总分不清游戏和现实！

你说什么？

72

难道你不想遵守和别西卜叔叔的约定吗？

你忘了叔叔冒着生命危险把我们送回现实世界了吗？

那都是游戏里发生的事啊。

回到现实世界，就要忘记那些，面对现实吧？

郭道奇，我对你太失望了！

怒！

啊？为什么？

算了！我自己找！

哼！

喂，你去哪啊？红参协会要往这边走。

不要你管！

那边是去数学学院的方向啊。

......

她该不会真的想要回到那可怕的数学世界吧？

傻孩子！

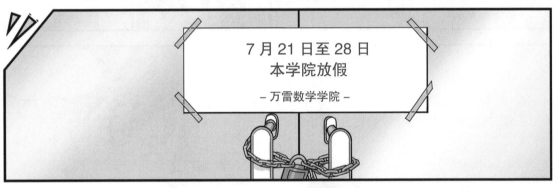

7 月 21 日至 28 日
本学院放假

– 万雷数学学院 –

万雷学院

速算   数学

数学

KT技术

KT

！

7 月 21 日至 28 日
本学院放假
– 万雷数学学院 –

啊，忘了今天是放假的第一天。

从数学世界回来后，都没有准确的时间概念了。

啊？你说什么啊？

奶奶！我是来拿达莱家预定的红参饮料的！达莱家的！

哦哦。

你是达莱啊？

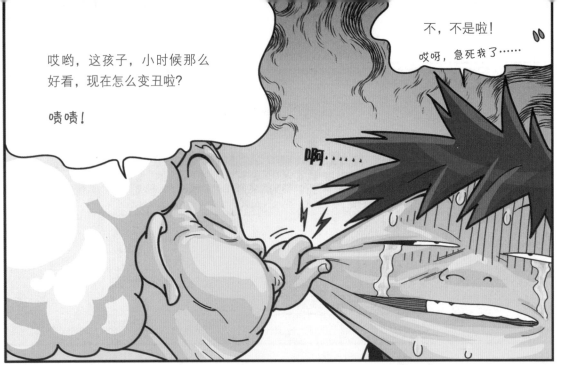

有两种箱子，到底是哪种呀？

……

你在说什么？

没，没说什么。

还不如自己找呢。

和她解释这个还得花好几个小时。

15% 的红参浓缩液……

阿姨是这么说的吧？

……

77

看成分比率……红参 70%、红根参 30%、
纯净水、黄金双歧因子、糖浆……

天啊，这么
多原料！

70% 加上 30% 加上
60% ……这一共是
百分之多少啊？

反正只有两个
选择，对的概
率是 50%，

先拿走这个轻点的，
错了再回来换。

唉。

辛苦您了，
奶奶再见！

阿姨，我回来了。

哎呀，辛
苦你了！

啊?

拿错了, 小子!

我预定的是 15% 的红参浓缩液, 这个是 10% 的。

哪儿写着呀?

写得太复杂了, 都看不懂!

这里啊!

这儿写着"红参浓缩液（六年根, 固形粉 60% 以上, 人参皂苷 Rg1+Rb1 含量 5mg/g）2ml"。

看着虽然复杂, 但是除去括号里的内容, 就是"红参浓缩液 2ml"。

?

这瓶饮料的容量是20ml，所以它的红参浓缩液的比率是10%。

对了……你还没学比率的概念吧。

可是，%（百分号）不是用在概率上的符号吗？

好像从别西卜……不，某个叔叔那里听过。

哟，你知道概率呀！

不，也算不上知道……

到底在说什么呀。

嘿嘿

反正，比率和概率的求法是一样的。

"概率"是 $\dfrac{\text{事件发生的某种可能性}}{\text{事件发生的所有可能性}}$，

"比率"是 $\dfrac{\text{比较量}}{\text{标准量}}$。

怎么样？用词不同，方法相同吧？

是……是的。

一瓶红参饮料的容量是20ml，瓶内的红参浓缩液是2ml，代入比率公式可得$\dfrac{1}{10}$。

$$比率 = \dfrac{\text{比较量}}{\text{标准量}}$$
$$= \dfrac{\text{红参浓缩液的含量}}{\text{红参饮料的总量}}$$
$$= \dfrac{2ml}{20ml}$$
$$= \dfrac{1}{10}$$

……

百分号是表示标准量为100的比率的符号。所以这瓶红参浓缩液的比率是10%。

$$百分率 = 比率$$
$$= \dfrac{1}{10}$$
$$= 10\%$$

……

所以，15%的红参浓缩液······

20ml的容量······在这里······代入······

达莱怎么还不回来？莫非真的去数学学院了？

怎么样，道奇？听懂了吗？

啊？

啊，是！

那我去换一个。

······

你真的听懂了吗？感觉不像啊。

······

您看我拿回来的对不对，不就行了吗?

那倒是，慢点啊。

嘿嘿嘿!

对不起，阿姨，我其实没认真听你讲。

反正只有两种饮料，换成另一种就行了呗。

嘿嘿

那你好好挑吧，箱子变多了，可能不好挑哦……

刚才送货的车来过了，把预定的红参都送来了。

你是问这个吗？

怎么突然变出这么多种了呀？

奶奶，您知道15%的红参浓缩液是哪种吗？

啊？15万元怎么了？

比和比值

看足球比赛的时候，电视画面上常会出现 2:0 或者 5:3 这样的数字吧？报纸上也有过“在今天的足球比赛中，巴西队以 3 比 1 战胜了日本队”这样的报道吧？像这样表示两个数的数量关系的方法叫作比，读作“2 比 0”、“5 比 3”和“3 比 1”，书写的时候在两数之间加上比号“:”即可。如果巴西队进了三个球，日本队进了一个球，应该写成 3:1 还是 1:3 呢？虽然两者皆可，但是因为以日本队进的球数作为标准量，所以要写 3:1。这叫 3 对 1 的比或者 3 和 1 的比。

3	:	1
比较量		标准量

比是表示两个数进行的比较，比值是两数相比所得的值，即$\frac{\text{比较量}}{\text{标准量}}$。例如，道奇折了 10 朵纸花，其中 7 朵是玫瑰。以总花数为标准量，以玫瑰数为比较量，应该表示成 7:10，比值是$\frac{7}{10}$。如果以玫瑰数为标准量，以总花数为比较量，则要表示成 10:7，比值则是 $1\frac{3}{7}$。由此可见，比和比值因标准量的不同而不同。

百分率是标准量为 100 的比

在超市或者商场里，有时能看到写着“30% 折”或“50% 折”的广告牌。百分率是以 100 为标准量的比，用符号 % 表示，读作“百分之”。那么，道奇折的玫瑰占总花数的百分比是多少呢？总花数为 10，玫瑰数为 7，玫瑰占 70%。

道奇的问题（难易程度：五年级下学期）

道奇要买机器人模型，下面哪个机器人模型的价格最贵？

道奇的问题（难易程度：五年级下学期）

道奇、达莱和智妮在玩套圈游戏。求圈中的比率，判断谁的水平最高。

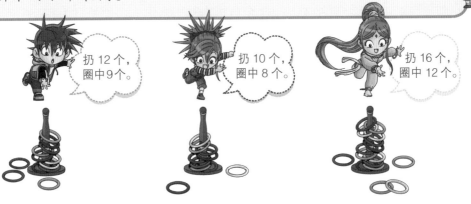

扔 12 个，圈中9个。

扔 10 个，圈中8个。

扔 16 个，圈中12个。

智妮的问题（难易程度：五年级下学期）

有一巨人的身高为普通人的 9 倍，巨人一顿饭的饭量是普通人的多少倍呢？（假设饭量与身体的体积形成正比，并且身体为正方体。）

机器人 1

| 机器人 1 | 原价 12,000 元，打 80% 折后售价是原价的 80%。 |

$12,000 \times \dfrac{80}{100} = 9,600$，售价是 9,600 元。

| 机器人 2 | 原价 13,000 元，打 70% 折后售价是原价的 70%。 |

$13,000 \times \dfrac{70}{100} = 9,100$，售价是 9,100 元。

| 机器人 3 | 原价 10,000 元，打 90% 折后售价是原价的 90%。 |

$10,000 \times \dfrac{90}{100} = 9,000$，售价是 9,000 元。

所以机器人 1 的价格最贵，是 9,600 元。

达莱

| 道奇 | 扔 12 个，圈中 9 个，圈中的比是 9:12，比值是 |

$\dfrac{9}{12} = \dfrac{3}{4}$。

| 达莱 | 扔 10 个，圈中 8 个，圈中的比是 8:10，比值是 |

$\dfrac{8}{10} = \dfrac{4}{5}$。

| 智妮 | 扔 16 个，圈中 12 个，圈中的比是 12:16，比值是 $\dfrac{12}{16} = \dfrac{3}{4}$。 |

因此，道奇、达莱和智妮圈中的比率分别是 $\dfrac{3}{4}$，$\dfrac{4}{5}$，$\dfrac{3}{4}$，通分后可得 $\dfrac{15}{20}$，$\dfrac{16}{20}$，$\dfrac{15}{20}$。达莱的水平最高。

729 倍

巨人的身高是普通人的 9 倍。大家也许认为巨人的饭量也是普通人的 9 倍，但并非如此。正方体的体积为（长）×（宽）×（高）。身高为 9 倍，则巨人的体积为 9×9×9=729，即 729 倍。因此巨人的饭量是普通人的 729 倍。

第五章
史上最伟大的棒球手

......

哎！

信息太多，反而更迷惑。

找不到特别准确的信息。

把问题挂在网上吧。

嗒嗒嗒

在有人回答之前，先到图书馆找找吧。

登录

嗒嗒

打出去了!

哇哦!

耶!是全垒打*哟! ♪

好样的!

已经是第二次全垒打了!

不愧是李泰浩!

李泰浩击出了全垒打,这是连贯全垒打!

●全垒打:棒球运动中的术语,指击球手击出球后,环绕所有垒包,跑到终点本垒的情形。

咯吱

达莱，你要去哪？

哼，不用你管。

至少得告诉妈妈吧。

......

去图书馆找资料。

知道啦，不要太晚回来。

是！

......

还没放弃啊。

嗯？

没放弃什么?

没什么,就是神造的数字什么的。

?

李泰浩这一赛季的打击率是三成六五,今天的表现也相当不错!

太棒了,居然是三成六五。

是啊。

一个赛季就能击出365个全垒打,是新的世界纪录吧。

你这家伙对棒球一无所知吗?

啊，我说错了吗?

当然错啦。一个赛季击出 365 个全垒打，那不是人，是怪物。

一个赛季里的全部打数也达不到 300 个呢。

那，那打击率是什么呀?

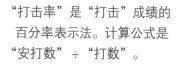

"打击率"是"打击"成绩的百分率表示法。计算公式是"安打数"÷"打数"。

即，安打数除以打数，四舍五入，留小数点后三位。

$$打击率 = \frac{安打数}{打数}$$

安打是指击球手把投手投出来的球击出到界内，之后自己能至少安全上到一垒的情形。全垒打是击球手跑过所有垒包到终点的安打。

......

计算时，"打数"不包括牺牲触击、四坏球保送、触身球保送、高飞牺牲打*。

怎么样？找到感觉了吗？

似懂非懂。

那举个简单的例子。一个击球手打数为 1000 个，安打数为 333 个，打击率是多少呢？

●牺牲触击、四坏球保送、触身球保送、高飞牺牲打：棒球运动的专业术语。

1000 个打数中有 333 个安打，

那就是 $\frac{333}{1000}$ ……

$$\frac{333}{1000} = 333 \div 1000 \rightarrow 1000 \overline{)333}$$

0.333

→ 0.333
三成三三

是三成三三吧？

对啊，

有必要算那么久吗？

那再算一下 3 个打数中只有 1 个安打的打击率。

95

3个打数中有1个安打，就是 $\frac{1}{3}$ ……

$$\frac{1}{3} = 1 \div 3 \rightarrow 3\overline{)1.0000}$$

→ 0.3333

三成三三

四舍五入，这也是三成三三吧？

对啦。

啊？

那1000个打数中有333个安打的选手和3个打数有1个安打的选手，俩人的打击率是一样的咯？

非常正确！

当然啦，打数多的选手比打数少的选手更加稳定，

但是只比较"打击率"的话，俩人水平是一样的。

而且，几成几的概念不仅用在棒球比赛当中，

它同分数、小数和百分率一样，用于日常生活中。

比如，200 名学生中有 95 名女生。

女生占的比率既可以用分数和小数表示，也可以用几成几或百分率（%）表示。

女生在全体学生中占的比率

$$比率 = \frac{95}{200}$$ ← 女生数
← 学生总数

$$= 95 \div 200$$

$$= 0.475$$

用分数表示就是 $\frac{95}{200}$，用小数表示就是 0.475，用几成几表示就是四成七五，用百分率（%）表示就是 47.5%。

$$\frac{95}{200} = 0.475$$

$$= 47.5\%$$

简单吧？

97

哇，
又击出了！

6 号洪智万的打球！
打得很远！

你这小子！不好好听
我讲解吗？

大怒！

啊……因为又打
出了安打。

不好
意思。

不过，三成三三的
打击率算很好吗？

啊？

三个打数中只有一个安打，说明
另两次击出界外，

界外球是界内球的两倍，
这能算是好吗？

你真是太不懂棒球了。

都是实力相当的投手投出的球，三个中就有一个安打会容易吗？

而且要想整个赛季都保持这个比率，是需要超乎想象的能力和努力的。

那三成三三算是非常好的表现喽？

当然。

会不会有全部打出全垒打的击球手呢？

扑哧

那不可能，如果真有，他就是体育史上最伟大的选手了！

哈哈哈

嘿嘿 嘿嘿

呜呜

呼呼呼呼呼……

朋友们，感到荣幸吧！马上要成为世界最伟大棒球手的
郭道奇要跟你们一起玩棒球！

101

瞧好了！

让你们见证伟大明星诞生的时刻！

嘿哟 嘿哟

好！

郭道奇加油！

哈哈

姜都植是我校少年队的投手哦。

哼，傻瓜！

嘻嘻

那小子挥半天也打不出一个安打的！

来吧，姜都植！我要全部打出全垒打！

哈哈哈哈

生气

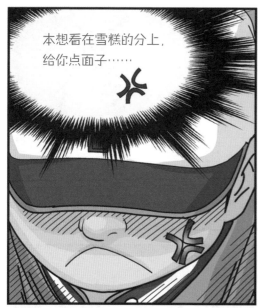

看见了！
看到球了！

击中！

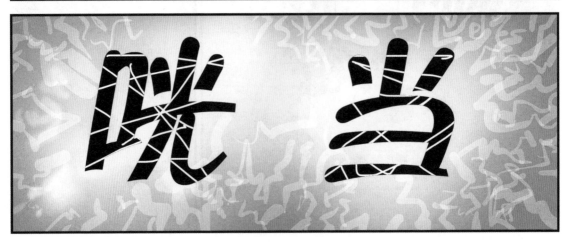

● 打击率：用小数表示比值

　　比值可以用分数或小数表示。用小数表示,可读几成几。比如,5 对 8 的比值是 0.625,读六成二五。是不是觉得在哪听过呢?可能是听棒球解说中说到打击率的时候吧。"李承叶现在的打击率是三成七五。"这是什么意思呢?三成七五是 $0.375 = \dfrac{3}{8}$,即在 8 个打数中打出了 3 个安打。几成几像百分率一样,也表示比值。

● 世界上最美的比：黄金分割比

　　自古以来有一种比被人们视为最美、最具稳定性的比。这种比在公元前 4 世纪,被柏拉图的弟子——古希腊数学家欧多克索斯首次发现,后来由意大利天才列昂纳多·达·芬奇命名为"黄金分割比"。将线段一分为二,较短部分与较长部分之比等于较长部分与整体之比,均为 1:1.618,这叫黄金分割比。

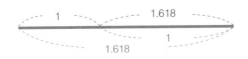

　　米洛的维纳斯雕像、古埃及金字塔、古希腊帕特农神庙、代表毕达哥拉斯主义的正五边形中的五角星都利用了黄金分割比。从古至今,黄金分割比被数学家、建筑家和艺术家广泛利用,也被用于现代生活中的信用卡、贺卡、名片、书籍等的设计。

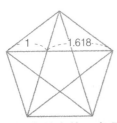

正五边形中的五角星

古希腊帕特农神庙

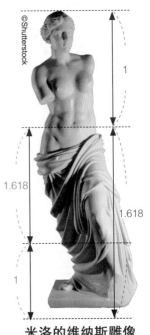

米洛的维纳斯雕像

道奇的问题（难易程度：五年级下学期）

道奇在 12 个打席中击出了 3 个安打，道奇的打击率是多少？

达莱的问题（难易程度：五年级下学期）

达莱家的果园面积是 90 亩。其中苹果树的种植面积是 20 亩，梨树的种植面积是苹果树的 1.5 倍，剩下的部分种植柿子树。柿子树的种植面积占果园面积的比率是多少？

智妮的问题（难易程度：五年级下学期）

把下面的纸张剪裁成长宽比为 1.618 : 1 的最大长方形。长和宽分别是多少？

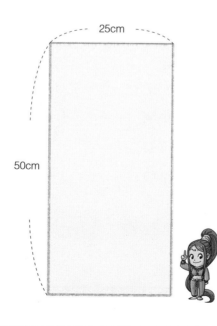

25cm

50cm

二成五

> 道奇在 12 个打席中击出了 3 个安打，所以道奇的打击率是 $\frac{3}{12} = 0.25$，即二成五。

$\frac{4}{9}$

> 苹果树的种植面积是 20 亩，梨树的种植面积是苹果树的 1.5 倍，即 $20 \times 1.5 = 30$ 亩。柿子树的种植面积是剩下的部分，即 90−20−30=40 亩。柿子树的种植面积占果园面积的比率是 $\frac{40}{90} = \frac{4}{9}$。

长 40.45cm，宽 25cm

> 这张纸的长宽比为 2:1，想用它剪出长宽比为 1.618 : 1的最大长方形，要保持宽度25cm不变，长度则应该为 $25 \times 1.618 = 40.45$cm。因此，裁成的长为 40.45cm，宽为25cm的长方形是符合黄金分割比 1.618 : 1的最大长方形。

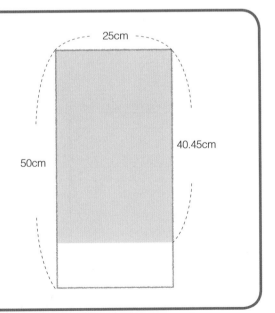

第六章　诡异的脸

麻烦您在这里签字。

好的!

孩子们,高兴吧!

我被选为广播电台的幸运听众,拿到主题城堡的入场券了。

哇,祝贺您啊!

CBS广播电台

达莱她爸在国外研修，我正愁着暑假带你们去哪玩呢。这下省心了。

今天开业，我们去看看吧。

咦，达莱呢？

刚才还在这儿的。

去书房了。

说要上网查什么东西。

啊？

主题城堡？

我可以不去吗？

要查一些东西呢。

不行！快准备好下来吧。

道奇都收拾好了，就差你了。

好吧。

呃

113

对主题城堡一点兴趣都没有。

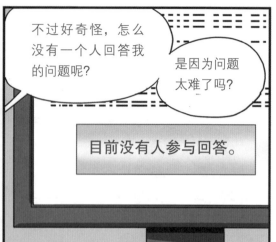

不过好奇怪，怎么没有一个人回答我的问题呢？

是因为问题太难了吗？

目前没有人参与回答。

快点准备吧，达莱！

知道了！

没办法，只好回来再找。

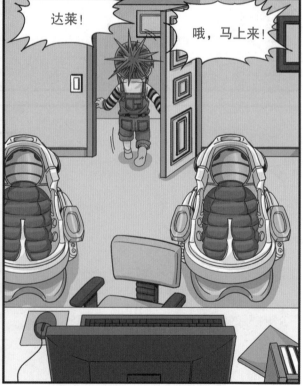

达莱！

哦，马上来！

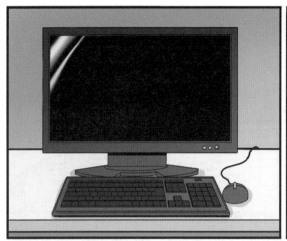

你俩最近有什么事？
好像关系不大好啊。

没，没什么。

是有那么点事。

什么事？

哼！

其，其实……

不方便细说，都是因为那两台游戏机。

所以得赶紧把游戏机处理掉！

窃窃私语

发怒

你说什么？

不知道你在说什么，你们俩的问题你们自己解决吧。

你们在那里等一下，我去问问入口在哪。

啊？

活动太多，

很难找到主题城堡的入口。

……

喂，郭道奇！

啊！

吱吱

……

！

咔咔

啊？

妈妈，刚才那个东西上面出现了一个人的脸！

你说什么呢？那是监控摄像头。

可能是哪个人的脸映在上面了吧。

转弯从 8 号入口进去就可以了。

啊，好的，谢谢！

服务台

孩子们，找到了！

！

你们还没和好吗？

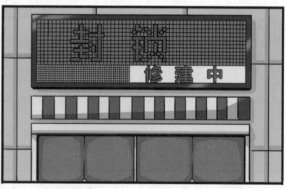

修建中

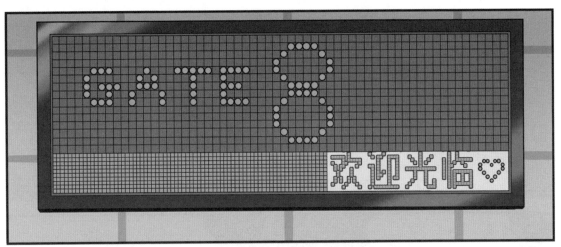

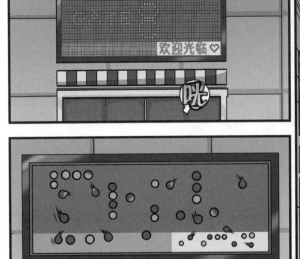

室内怎么这么暗？

什么都看不见。

是啊。是为了营造神秘的气氛吗？

啪

啊！

这里只有我们吗？

听不到别人的声音。

......

嗯？

灯亮了！看来要往那儿走。

不对啊，怎么门口没有人检票啊?

！

妈妈，是不是走错了?

……

不可能！你们刚才也看到外面写着8号入口了吧。

再往前走走看。

还是出去吧。

KEGPX

……

吱吱……

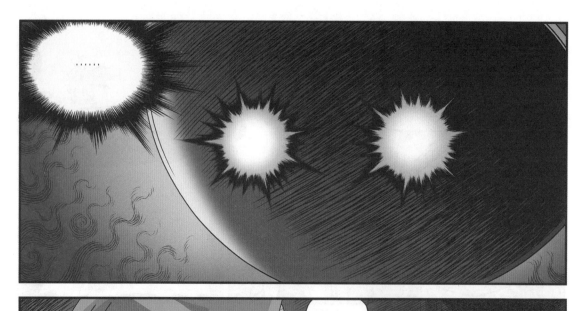

什么?

那是什么?

啊！

是，是什么呀?

第七章 迷宫里的问题

咦?

刚才好像有人
进去了。

嗯?

什么?

有人进去了?

哈哈,怎么可能?
这个门有电子锁,
打不开。

你看错了吧。

哇,电
子锁?

错了吗?

是啊,你
看错了吧。

怎么这里还在修建啊?

是啊,好像说是建 100% 数字化的迷宫,

我也记不清了,好像是这样。

现在暂时停工,里面没有人。

是吗?

哇,数字迷宫,听着很好玩,开业后一定要来玩!

路，路西法！

什么？

路西法在哪？

路西法是
什么？

就在前面，
没看见吗？

······

♡ 欢迎光临 ♡

路西法在哪?

嗯?

路西法是什么呀?

就在那儿,天使的位置。刚才屏幕上出现的是路西法的脸。

啊?

还说我有后遗症,我看你的情况更严重,胆小鬼!

不,不是!

真的是路西法的脸!

哼,算了吧。

我以为你们说什么呢,原来是说游戏呀。真拿你们没办法!

……

不过这个屏幕像素很高啊,这么大还这么清晰。

花了不少钱吧。

啊哈，知道了。

嗒

啊？

孩子们，这是偷拍。

嘻嘻

没错，肯定是在偷拍我们这些拿到招待券的人们。

扑哧！

这里面肯定有摄像头。

......

好！那就潇洒地面对吧，孩子们！

我太喜欢这种节目了！

拍！拍！

等等！先补个妆。

呃。

妈妈！

那么 ♡

那么 ♡
第一题是关于比例的问题，由郭道奇小朋友来回答。

！

我先来？

这真的是偷拍吗？

我也希望是。

不过以防万一，先集中精力答题吧！

在文具店，一打铅笔卖 1200 韩元 ♡
买 5 支铅笔需要花多少钱？答题时间 30 秒 ♡

答题时间才 30 秒？

30

万幸啊！我还以为是必须利用比例才能解的题，虚惊一场呢。

是啊，这问题太简单了吧。

咦！

……

26

……

不会是不知道吧？

啊

啊

点头……

嘿嘿♡

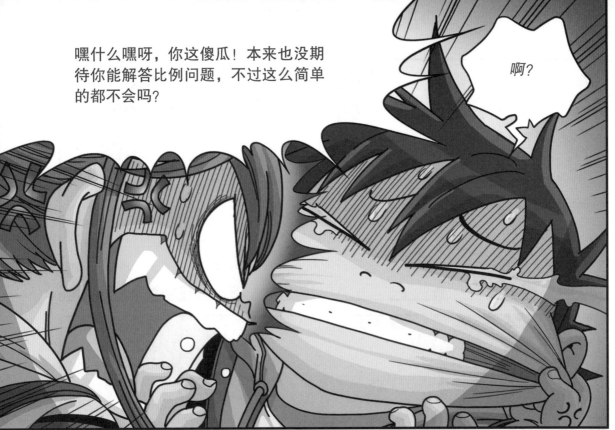

啊?

嘿什么嘿呀，你这傻瓜！本来也没期待你能解答比例问题，不过这么简单的都不会吗？

用你擅长的方式，想象成立体图形试试！

一打铅笔是1200韩元，那一支铅笔是多少钱？

嗯?

啊……

对了!

一打，也就是 10 支为 1200 韩元，一支就是 120 韩元喽。

所以 5 支铅笔就是 120×5……

不是！

一打哪是 10 支啊？

……

哦，对！一打是 12 支吧？

对了！

拍！

12 支 1200 韩元，一支 100 韩元。

137

5 支铅笔就是
100×5=500！

答案是 500 韩元！

500 韩元♡
答案正确♡

15

万岁，答对了！

用比例方法
也容易算。

12：1200=5：□
12×□=1200×5
12×□=6000
□=6000÷12=500
……就是这样的。

不懂比例是什么，
却能用简单的方式
找到答案，道奇真
够厉害的。

还有达莱，居然
懂得六年级课程
中的比例，也够
厉害的。

虽然答对了，但是是在达莱小
姐的帮助下解答的，所以犯规。
♡要接受惩罚♡

什么？

哎呀！

惩，惩罚？

嗯？

● 比值相同的比

比式 3:5 中，3 叫前项，5 叫后项。

$$3 \quad : \quad 5$$

前项　　　　后项

如何找出比值相同的比呢？比的前项和后项同时乘以或除以一个不等于 0 的数，能得到比值相同的比。

找出一个和 $\frac{1}{3}:\frac{2}{5}$ 比值相同的比。

比的前项和后项同时乘以一个不等于 0 的数，比值相同。

$$\frac{1}{3}:\frac{2}{5} = \left(\frac{1}{3}\times 15\right):\left(\frac{2}{5}\times 15\right) = 5:6$$

找出一个和 30:45 比值相同的比。

比的前项和后项同时除以一个不等于 0 的数，比值相同。

$$30:45 = (30\div 15):(45\div 15) = 2:3$$

● 比例式

像 3:5 = 6:10 一样，把两个比值相同的比用等式连接，叫比例式。

$$2:3 = 4:6 \qquad 7:3 = 28:12 \qquad 5:12 = 15:36$$

在比例式 3:5 = 6:10 中，两端的两项 3 和 10 叫作外项，中间的两项 5 和 6 叫作内项。

在一个比例式中，两个外项的积等于两个内项的积。

内项
$$3:5 = 6:10$$
外项

内项的积 30
$$3:5 = 6:10$$
外项的积 30

道奇的问题（难易程度：五年级下学期）

把 50 厘米长的木棍垂直立在地面，影子长为 40 厘米。此时影子长为 8 米的楼房实际高是多少米？

50cm
40cm
?
8m

达莱的问题（难易程度：五年级下学期）

达莱家和道奇家的距离为 18 公里。达莱骑自行车 10 分钟能骑行 4 公里。如果达莱以这样的速度从自己家骑到道奇家，需要花多长时间？

智妮的问题（难易程度：五年级下学期）

智妮找到动物曲奇饼干的做法，上面写着制作 20 个动物曲奇饼干所需要的材料和制作方法。用同样的配方制作 30 个动物曲奇饼干，分别需要多少克面粉、白糖和黄油？

动物曲奇饼干的做法（20个）

材料：面粉 300 克，白糖 180 克，黄油 150 克，鸡蛋 1 个，盐 2 克，发酵粉 2 克

制作方法：

① 黄油放室温软化。

② 把黄油、盐、白糖和鸡蛋放在一起，均匀搅拌。

③ 把过筛的面粉和发酵粉加入②中均匀搅拌。

④ 把揉好的面团放入冰箱冷藏 20 分钟 –30 分钟。

⑤ 烤箱预热 190℃。

⑥ 把面团压平，用动物模具压出模型，放入烤箱烤 10 分钟。

10 米

木棍长和木棍影子长的比等于楼房高度和楼房影子长的比。

（木棍长）:（木棍影子长）=（楼房高度）:（楼房影子长）

$50:40=\square:8$

在一个比例式中，两个外项的积等于两个内项的积，因此，

$40\times\square=50\times8$

$\square=400\div40=10$

楼房高是 10 米。

45 分钟

达莱骑自行车 10 分钟能骑行 4 公里，要算出骑 18 公里所需的时间，可以利用比例式。

$10:4=\square:18$

$4\times\square=10\times18$

$4\times\square=180$

$\square=45$

因此，达莱骑自行车到道奇家要花 45 分钟。

面粉 450 克，白糖 270 克，黄油 225 克

做 20 个动物曲奇饼干需要面粉 300 克，白糖 180 克，黄油 150 克。利用比例可以算出做 30 个动物曲奇饼干所需原料的量。曲奇饼干数量的比是 20:30=2:3，因此所需原料量的计算过程分别如下：

面粉	白糖	黄油
$2:3=300:\square$	$2:3=180:\square$	$2:3=150:\square$
$2\times\square=900$	$2\times\square=540$	$2\times\square=450$
$\square=450$	$\square=270$	$\square=225$

因此需要面粉 450 克，白糖 270 克，黄油 225 克。

咕 隆 咕 隆

?

咔 咔 咔

天啊！

……

好逼真啊！是吧，孩子们？哈哈哈！

不对！

这样下去我们很快会被压成肉饼的！

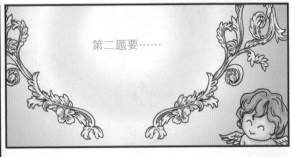

第二题要……

是啊，妈妈！这不是偷拍！

咕 隆 咕 隆

是，是，知道了。

啊，又出来一道题！

第二题要金达莱小姐回答。

答对了能逃脱♡
答错了要受惩罚♡
别人帮忙或者超时也要受惩罚♡
知道了吗?

咕隆咕隆

啊!

……

咕噜!

请看题♡
3，5，7 三张数字卡片各用一次，
能组成几个不同的三位数?
答题时间 20 秒。

20

啊，这是……

咕隆咕隆

达，达莱，怎么样?
回答得出来吗?

嗯。

你什么表情？没信心吗？难道不会做？

去年寒假在数学学院听老师讲过。

你不是很擅长解这种题吗？一定要解答出来！

喂，吵死了！没法集中注意力，你到那边去！

……

啧啧！

嗯

就知道会这样。

道奇，全国观众都在看呢，不觉得丢脸吗？

哦，对了！

今天讲一下"多种方法解题"。

用三个数字能组成几个不同的三位数呢？

我们用多种方法来解答这道题。

首先要讲树形分析法。

怎么样？能看出一共有 6 种吧？

$$1 \begin{cases} 2 - 3 \rightarrow 123 \\ 3 - 2 \rightarrow 132 \end{cases}$$
$$2 \begin{cases} 1 - 3 \rightarrow 213 \\ 3 - 1 \rightarrow 231 \end{cases}$$
$$3 \begin{cases} 1 - 2 \rightarrow 312 \\ 2 - 1 \rightarrow 321 \end{cases}$$

还有单纯分析法。

这次答案也是 6 种吧？

百位数为 1 的三位数有：123, 132

百位数为 2 的三位数有：213, 231

百位数为 3 的三位数有：312, 321

一共 6 种

还可以运用公式解答。

这公式只适用于三个数字都不是 0 的情况下。

百位数	十位数	个位数
3 种	2 种	1 种

1,2,3 所有数字的种类数

百位数以外剩余数字的种类数

百、十位数以外剩余数字的种类数

因此能组成的三位数的种类有
3×2×1=6（种）

怎么样，同学们？有了这个公式，解答四位数或五位数的题也不成问题吧？

是！

！

所以用三个数字组成的三位数一共有……

怎么回事啊，达莱？还要多久？

喂，别烦我，一边待着去！

咕隆咕隆

呃啊啊啊！

咕隆咕隆

怎么它不停下来呢？

咣咣咣

咕隆咕隆咕隆

是出口！

快出去，快！

咕隆咕隆

太危险了。

扑通！

呵呵！真胆小。

小鬼们！

只是吓唬我们的，那道墙怎么可能会合上？

唔

啊？

关上了！
怎么会？

如果我们还站在那儿，结果会怎么样？

……

孩子们，莫非这不是偷拍？

一开始就跟您说了不是！

这不是偷拍，应该是路西法的诡计！

现在怎么办？只有一个通道，但是不敢往前走了。

那也不能待在原地，只好走下去。

如果这真的是路西法的诡计，待在这儿也得不到救助。

但是我的危险感应细胞一直在警告我不要前行！

别装可怜，快走！

……

手机没信号了？

你们一直念叨的路西法是什么呀？是人名吗？

是支配游戏中虚拟世界的人工智能程序。

这个恶魔违抗人的命令，控制了虚拟世界，还企图称霸现实世界呢！

什么？

如果真有那样的程序，这世界会遭受灾难吧。

这种事只在科幻电影里看到过，真的会发生在现实世界吗？

虽然不能 100% 肯定，但是我们确实经历过了。

到底是谁开发了如此危险的程序？

......

是道奇的父母。

走到哪才是尽头啊？

这里面好大。

什么？

153

答对了就会像刚才一样出现通道。
所以集中精力，好好答题！

你可以的，
道奇！

和，和是……
200……那，
那……

不行！
我放弃。

没时间了，赶紧给金
达莱小姐出题吧。

啊，墙壁又
在靠近！

试都不试就
放弃，你这
傻瓜！

脑袋快要
炸开了！

哎呀，你真让人失望♡
那给金达莱小姐出题吧♡

该你了，达
莱！加油！

吵死了！

我们不会一直要在这里乱转吧?

在数学世界里有过的那种恐惧感又来了。

别说可怕的话。

别担心,孩子们,阿姨一定带你们出去!

说是这么说,

可是这种状况我也没办法。

?

哎

看……又出现了。

啪

现在都见怪不怪了。

哼哼哼哼!

居然能走到这儿,不简单啊。

啊?

路，路西法！

嗯？

啊！

我要出最后一道题。

......

那是路西法？

这次谁来回答都可以。

答对了就能出去。

说出神造的数字是什么！

啊，真的有人在里面啊！

听到惨叫声，才打开看看的。

！

？

什么情况啊？

是啊？

你看，我就说有人。

哇，得救了！

叔叔，您是我们的救命恩人！

呃啊！

能做几种钥匙？

右图是古代钥匙的示意图，钥匙上一般有 3～4 个齿。齿的高度各不相同，只有当齿的组合与锁心相吻合，钥匙才能打开锁。通过调高或调低齿的高度，可制作很多种不同的钥匙。下图这把钥匙有 a、b、c 三个齿，三个齿有多少种组合，能做成几种钥匙？

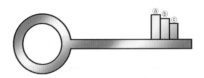

给 a、b、c 三个齿设计 1、2、3 三种高度，a 齿的高度为 1 的时候，共有以下 9 种可能性，a 齿高度为 2 或 3 的时候，也各有 9 种可能性，所以可制作的钥匙一共有 27 种。

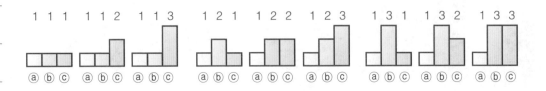

若三个齿的高度都一样，就不像钥匙了。如果齿的个数增加，并设计不同的高度，就能制作更多种不同的钥匙。

如果有 a、b、c、d 四个齿并且能设计 1、2、3、4 四种高度，能制作多少种钥匙呢？

能制作 256 种钥匙。

道奇的问题（难易程度：六年级下学期）

道奇有红、黄、蓝、绿四个旗子。他想把其中三个旗子捆在一个旗杆上，给达莱传送信号。一共能传送多少种信号呢？

达莱的问题（难易程度：六年级下学期）

把两个大小相同的正方形连在一起组成的图形叫作"多米诺"。在多米诺的左右两个正方形内画 0 到 6 个点，一共能画出多少种多米诺呢？旋转后样子相同的视为同一个多米诺，比如 ⚃⚁ 和 ⚁⚃ 是同一个多米诺。

● **24 种**

捆在最上面的旗子共有 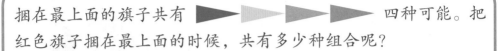 四种可能。把红色旗子捆在最上面的时候，共有多少种组合呢？

红色旗子在最上面的时候，在剩下的三个中选两个的组合共有 6 种。所以，在四个旗子中选三个传送信号的组合共有 4×6=24，共 24 种。

● **28 种**

左边正方形内点数为 0 的情况

7 种

左边正方形内点数为 1 的情况

6 种

左边正方形内点数为 2 的情况

5 种

方法 2

在多米诺的左边和右边正方形内画点的可能性各有 7 种。

7×7=49，或许大家以为是 49 种，但是 (●●|●) 和 (●|●●) 是同样的多米诺。在 49 种可能中，除了 (□|□) (●|●) (●●|●●) (●●●|●●●) (●●●●|●●●●) (●●●●●|●●●●●) (●●●●●●|●●●●●●)，其他多米诺被重复记入，被重复的多米诺数为 (49−7)÷2=21，是 21 个。所以一共有 21+7=28，28 种多米诺。

左边正方形内点数为 3 的情况

4 种

左边正方形内点数为 4 的情况

3 种

左边正方形内点数为 5 的情况

2 种

左边正方形内点数为 6 的情况

1 种

因此，7+6+5+4+3+2+1=28，共有 28 种。

第九章
来自航天局的客人

是，是。

知道了。

……

真奇怪。

怎么说呀，妈妈？

给广播电台打了电话，说我没被选上，也没有给我寄过入场券。

那这张票到底是哪儿来的呢？

寄件人的地址明明是广播电台。

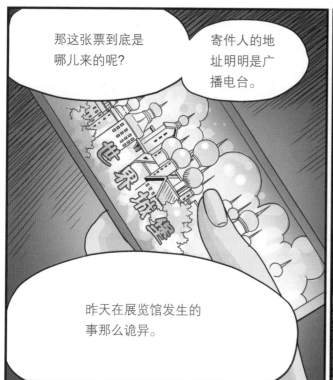

昨天在展览馆发生的事那么诡异。

想想就令人毛骨悚然。

怎么会是人工智能程序干的？难道是闹鬼了吗？

……

哦，对了！给道奇的爸妈打电话问问。

嘀

嘀

路西法最害怕的东西！

神造的数字！

就是它！

看路西法昨天的反应就能知道。

果然还没找到。

如别西卜叔叔所说，它就是路西法的弱点！

……

即使是这样，找不到我们也没办法呀。

呼

怒

……

至少得努力找找吧?

明明知道是邪恶的，却不试着去阻止，这更邪恶!

听不见。

爸妈为什么开发那么危险的东西?

……

怎么了，妈妈？

打通电话了吗？

没有。

说不能通话，

专用语太多，没听明白。

啊！

美国现在是夜晚，所以不能通话吧？

那晚上再打打看。

先打电话再登门拜访
会不会更好?

不行!

打电话有可能被那
家伙发现。

这是一级机密,
要慎重。

……

丁零零♪

谁啊?

咔嚓

!

请问郭道奇住
在这里吗?

我就是啊。

哦,是吗?我是来自
航天局的史密斯。

美国航空航天局？

是的！

不是我。

啊？

？

咿

阿姨，他说是 NASA 呀，NASA！

螺丝？家里有很多螺丝呀。

？

刚才是谁敲门啊？

铁器店的叔叔。

No, no, no! 不是铁器店！

咿咿咿！

郭道奇？

……

精彩续集，请看"数学世界历险记"第七册《挑战魔方阵》。

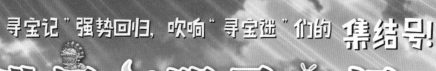

世界文明寻宝记

"寻宝记"强势回归，吹响"寻宝迷"们的 **集结号!**

阅读轻松幽默的漫画，打开前往世界的大门!
追寻各国的文化珍宝，体验精彩刺激的考古大冒险!

四大特色

◆ 内容丰富多元，包括各国历史、地理、人文风情及
  文化习俗等，让小朋友轻松了解世界历史与文明。

◆ 借由生动活泼的寻宝情节，将知识内容巧妙地融
  入故事中，激发小朋友的阅读兴趣。

◆ 增加课本以外的知识，让小朋友不再只满足于课
  本所给予的资料性知识。

◆ 每个漫画章节后，都配有图文并茂的知识点。

已出版

1 美索不达米亚文明寻宝记
2 古埃及文明寻宝记1
3 古埃及文明寻宝记2
4 古印度文明寻宝记
5 华夏文明寻宝记
6 波斯文明寻宝记

即将推出

7 古希腊文明寻宝记1
8 古希腊文明寻宝记2
9 古罗马文明寻宝记1
10 古罗马文明寻宝记2

揭开热带雨林神秘面纱！ 展示野外求生实用技能！

我的第一本科学漫画书

热带雨林历险记

（共十册）

少年志愿者小宇和阿拉在婆罗洲热带雨林里，遭遇了可怕的龙卷风，陷入绝境之中。唯一的办法是横穿雨林，去寻找普南族部落的帮助。原住民部族的少女战士萨莉玛与他们一同深入雨林冒险。面对凶猛的野兽、致命的毒虫以及各种因基因突变而变得怪异的可怕生物，三人能否成功穿越？

本系列通过生动有趣的漫画，带领小读者进入一段奇妙的探险之旅。实用的科学知识和面对困难毫不退缩的乐观精神，一定能激发孩子们无限的科学潜能。

[韩]洪在彻/文
[韩]李泰虎/图

开　本：16开
定　价：35.00元／册